AF268193

D.-O.-O. GORDE

# IMPRESSIONS DE VOYAGE

DANS LES

# BASSES-ALPES

DIGNE

IMPRIMERIE CHASPOUL, CONSTANS ET V° BARBAROUX

Place de l'Évêché, 7

1888

LK4
1994

# IMPRESSIONS DE VOYAGE

## DANS LES BASSES-ALPES

### I.

En décembre 1861, mes fonctions m'appelaient dans l'arrondissement de Barcelonnette. L'hiver était particulièrement rigoureux. La neige et la glace rendaient les communications difficiles, et l'entrepreneur du transport des dépêches manifestait l'intention de faire le service à cheval, en attendant mieux. A ma prière, il consentit cependant à me transporter en voiture.

Il ne fallait pas songer à renvoyer mon voyage. Une tournée (supprimée depuis comme parfaitement inutile) me forçait, tous les ans et en plein hiver, d'aller en quinze jours de Saint-Paul à Valensole, avec un temps d'arrêt de vingt-quatre heures au moins dans chaque canton, pour arrêter les écritures. On voyageait le jour et la nuit et on travaillait la nuit et le jour. Haute et puissante dame, la Cour des comptes, attendait inexorable, et il fallait la servir à l'heure dite.

Le jour fixé pour mon départ, à six heures du matin, la neige tombait à petits flocons. Pliant sous mon attirail d'hiver, grosses guêtres, gros souliers, gros gants, grosses fourrures, je tentais mélancoliquement et avec effort l'ascension de la chétive voiture de Barcelonnette, quand l'estimable entrepreneur, personnage veillant à ses affaires (son entreprise finissait le surlendemain et il y avait gagné gros), se pendit au surtout brochant sur mon pardessus et m'invita à descendre pour remplir une petite formalité. Je suivis son impulsion et je me dis une jambe en l'air : cet homme a raison. Il faut n'avoir pas de bon sens pour voyager ainsi, sans avoir fait son testament, et, rendu à la terre, je rentrai dans le bureau en demandant d'urgence une plume et du papier timbré.

L'entrepreneur me fit peu délicatement observer que les intérêts de mes héritiers le touchaient fort peu, mais que, soignant tendrement les siens, nous ferions, lui son service et moi mon voyage, autrement qu'en voiture, si je ne le garantissais pas par écrit de toute responsabilité en cas d'accident.

Je suis peu cavalier et cela manquait décidément de gaîté, mais la gaîté ne doit jamais perdre ses droits. Je pris la chose en riant et, de ma plume testamentaire, avec la gravité que commandait la situation, je souscrivis (sur papier non timbré, je le confesse à ma honte) un écrit ainsi conçu : « Si je meurs, ce qu'à Dieu ne plaise, pendant mon voyage de Barcelonnette, je m'engage sur l'honneur à ne pas demander, après mon décès, des dommages-intérêts à M. B.... » Je datai, signai et remis avec solennité le papier à ce brave entrepreneur, qui, après l'avoir lu et serré dans sa poche, en disant : *Aco vai ben*, me conduisit, le chapeau à la main, jusqu'à la voiture, avec tous les honneurs dus à mon rang de voyageur correct. Il daigna même, d'un air dégagé, me souhaiter un bon voyage.

J'ai raconté cette aventure parfaitement vraie, à tout propos, à tout venant et en tous lieux, pour faire juger de l'originalité des voyages dans les Alpes.

Pour l'instruction et dans l'intérêt des voyageurs présents et à venir, je vais donner ici les moyens que j'ai employés, pendant dix-sept ans, pour sillonner en tout sens, dans la saison rigoureuse, les Basses et les Hautes-Alpes, sans fluxion de poitrine et sans être transformé en glaçon. Il ne s'agira ni de bouillotte ni de chaufferette Tucker, qui ne résisteraient pas une heure à la violence des chocs. Ces précautions à l'eau de rose ne seraient pas en rapport avec la chaussure lourde et ferrée des voyageurs, piémontais pour la plupart, qui fréquentent les routes dont il s'agit.

Mon attirail, vulgaire au possible, primitif comme la nature, a conservé un père de famille à ses enfants, un bas-alpin à son cher département et un fonctionnaire à son administration, qui, les pieds sur ses chenêts, n'admet pas le mot : *impossible.*

Voici ma recette :

Prenez délicatement un caillou de rivière, bien rond et de la grosseur d'un pain de munition. Faites le chauffer une heure dans un four. Introduisez-le, fortement emmitouflé d'un gros torchon, dans un cabas vulgairement appelé *couffin,* d'où la paille a chassé les figues. Mettez sur ce caillou vos pieds emprisonnés dans de gros souliers ferrés, et je perds mon nom si vous n'avez pas, sous les semelles, de la chaleur à en revendre aux voisins.

Quant aux jambes, couvrez-les jusqu'au-dessus du genou de grandes guêtres de gros drap. La couleur est indifférente, mais des carreaux écossais sont bien portés. Mettez sur vos genoux une grande peau de mouton *rara.* C'est doux comme la soie, et la chaleur qui monte du cabas s'y concentre. Le buste sera emprisonné dans deux chemises de flanelle, dans un pardessus de fourrures, dans un *surtout* digne de son nom, et vous arriverez à cette humiliante conviction d'être plus large que long et de peser beaucoup moins que vos vêtements.

C'est grâce à la générosité bien connue des entrepreneurs de voiture que je n'ai jamais payé qu'une place. Ma conscience me reproche de ne pas en avoir soldé deux.

Ce n'est pas du premier jet que j'étais arrivé à ces perfectionnements. Tous les ans, j'ajoutais une pièce de plus à mon attirail. Aussi, quand on bouclait le tablier, il fallait de grands efforts *par billà,* c'est-à-dire pour faire rentrer à grand'peine dans leurs limites mes fourrures récalcitrantes.

J'ai oublié de dire que la tête doit être couverte d'une casquette fourrée et couronnée d'un gros capuchon. Elle est ainsi absolument protégée contre le froid, qui, chassé de tous ses refuges, se pend de désespoir aux moustaches du voyageur, qu'il convertit en pointes dures, raides et glacées.

C'est ainsi accoutré qu'on va, bravant les autans et l'hiver. A ce propos, je ferai part au lecteur d'un souvenir qui m'est cher et qui adoucira la note folâtre de cet article.

J'étais confortablement installé dans le fond de la voiture, « prétendant arriver sans encombre à la ville » de Seyne, quoique « moins court vêtu » que Perrette du pot au lait. Sur la banquette du postillon, grelottaient une pauvre femme et son nourrisson venant de Marseille, l'un portant l'autre. Il faisait un froid *à petro fendre*. Nous étions sur les hauteurs du Labouret. Une neige, une bise, 15 degrés, brrr..., je ne vous dis que ça. Le pauvre petit pleurait et gémissait. La nourrice battait la semelle en murmurant ces mots que la souffrance amène sur toutes les lèvres : *moun Diéu !* Mes pieds étaient brûlants. Une tasse de café me capitonnait l'estomac. Saisi d'un sentiment de pitié, me reprochant ce bien-être relatif, je sortis comme je pus des profondeurs du véhicule et je pris la place de ces deux malheureux, qui trouvèrent à la mienne le cabas si bien habité fraternisant avec mon surtout.

Et voilà les moyens de se bien porter, même en plein hiver, en voyageant dans les Alpes.

Quelque observateur né malin me demandera si ma recette préserve des précipices, du recul des chevaux sur la glace, des rencontres, sur des chemins étroits, de grosses voitures chargées de vin. Je lui répondrai affirmativement, puisque me voici.

Pour les esprits pointus qui cherchent toujours la petite bête et que rien ne peut satisfaire, je réserve un moyen bien simple, mais héroïque, d'échapper à tous les dangers du voyage : c'est de ne pas voyager.

Si le lecteur veut bien le permettre, nous continuerons, de compagnie, notre voyage qui commence à peine.

## II.

On veut bien me faire observer qu'il est temps de reprendre mon voyage interrompu par la grave opération dont j'ai rendu compte. Nous en étions au moment où le brave M. B.., entrepreneur, rassuré sur ses intérêts, m'accompagnait gaîment à la voiture, et me voilà de nouveau une jambe en l'air.

Pendant mon absence, le véhicule s'est empli de divers éléments: un piémontais noir et barbu, une sœur en cornette blanche et un charpentier très blond et dénué de sexe, vu sa qualité d'auvergnat. Impossible de placer quatre et même cinq personnes (en me supposant double par mon attirail) sur une banquette à trois places. Pour reconquérir le coin qui m'avait été destiné, je déclare que je vais aux bains de *Vinadio*, pour me guérir d'une maladie très contagieuse. Mes manteaux et mes fourrures couvrant toute l'assistance, le piémontais jure dans sa barbe et l'auvergnat affirme par un *fouchtra* bien accentué qu'ils sont et veulent rester bien portants. Ils sortent en toute hâte, se placent où ils peuvent et me voilà, avec la bonne sœur, que je rassure, installé à mon aise et sans remords d'avoir résisté à l'usurpation par la ruse.

La voiture s'ébranle. Nous partons, nous voilà partis. A la Javie et à Beaujeu, mes compagnons de route descendent pour tuer le ver et les microbes, en fraternisant dans un mélange d'italien et d'auvergnat qui ne manque pas de piquant. Ils admirent le courage de la sœur, qui reste près du malade. *Ch'est chon métier*, dit l'auvergnat. *Si*, affirme le piémontais.

Au pied du Labouret, après une nouvelle station réconfortante à l'auberge *Galand,* nous montons une interminable côte. *Le Labouret* était en 1881 un revers de montagne sillonné de ravins profonds et composé d'ardoises noirâtres, rebelles à toute végétation. Les torrents entraînaient, à chaque orage, la route nationale (n° 100) et, quelquefois, les voitures pleines de voyageurs. Il a fallu l'énergie, la persistance de l'administration des forêts et les millions de l'État pour solidifier des pentes désolées que parent aujourd'hui les fleurs et la verdure.

Nous montons pendant une heure et demie. Neige abondante, froid glacial. La sœur récite son rosaire. L'auvergnat et le piémontais grelottants égrènent un autre chapelet.

Nous arrivons enfin sous la ville de Seyne. Les chevaux, harassés de fatigue, sont couverts de sueur. En tournant une maison qui touche la route, la roue frappe l'angle du mur et un des chevaux s'abat dans le fossé. La voiture suit; nous voilà entre ciel et eau. On descend dans le plus grand émoi. Un enfant va chercher un autre entrepreneur du service qui habite Seyne et qui arrive en jurant et en menaçant le conducteur maladroit. L'entrepreneur s'informa avec le plus grand intérêt de la santé.... de ses chevaux, remis sur pied sans mal aucun, et partit sans nous regarder. Qu'est-ce en effet qu'un chrétien (nous l'étions tous, même l'auvergnat), à côté de deux bons chevaux de Saint-Bonnet, pour un messager intelligent.

Après avoir été ainsi consolés de notre accident, nous montâmes à pied reprendre des forces à *l'Hôtel des Trois-Rois*. Ma chaufferette-caillou fut mise dans la cheminée et à même d'emmagasiner de nouveau la chaleur qu'elle nous avait généreusement distribuée.

Ma compagne de voyage est allée déjeuner chez les sœurs de Seyne. Je mange seul, vu ma qualité de malade. Pendant que les aromes d'une tasse de café raniment mes esprits, je me représente Seyne pendant la belle saison, les mille fleurs qui embaument la campagne, la richesse des prairies, les charmes de *Champflorin*, où se trouve une source d'eau ferrugineuse et un délicieux petit bois plein de muguets dont le souvenir enchante ma pensée.

Mais le fouet du conducteur donne le signal du départ. La chaufferette est brûlante ; les gosiers du piémontais et de l'auvergnat aussi, et nous reprenons notre route. Après avoir gravi péniblement les hauteurs de Saint-Jean, nous arrivons devant l'auberge de la *Sibérie française*. Il ne fait pas chaud, mais conducteur, piémontais et auvergnat éprouvent de plus en plus le besoin *de se rafraîchir*. Nous descendons enfin la pente du Lautaret, en longeant avec effroi, pendant une heure, un précipice affreux ; nous admirons devant nous les mille petits canaux écumants de la cascade de *Costeplane* et nous faisons notre entrée dans le pays des *Toulunn*.

Mais me dira-t-on, ce pays-là n'est pas sur la carte. Jamais aucun voyageur n'a parlé du pays des *Toulunn*. Je revendique la gloire d'avoir découvert et décrit, le premier, le caractère et la physionomie originale des habitants de *Toulunn*, ou plus clairement du Lauzet.

Quand il s'agit d'exprimer un sentiment vif, triste surtout, on dit *Toulunn!* Les pommes de terre ont-elles manqué : *Toulunn!* Le vin est-il plus aigre que d'habitude : *Toulunn!* Un amoureux chancelle-t-il dans sa foi ? *Toulunn!* La position devient-elle trop intéressante : *Toulunn! Toulunn!*

J'ai été touché jusqu'au fond de l'âme de l'affliction profonde d'une mère dont le fils venait de tomber du haut d'un grenier à foin. Cette pauvre femme se tordait en pleurant. Tous ses sentiments douloureux ne se traduisirent que par ce mot cent fois répété : *Toulunn! Toulunn! Toulunn!...* Dieu comprit son langage et rétablit la santé de son fils.

C'est à *Toulunn*, pardon... au Lauzet, que se trouvait un brave homme dont le nom est au bout de ma plume et qui cumulait, avec la profession de barbier, celle de cafetier et de menuisier. Un commis-voyageur avait un jour besoin, pour séduire la pratique, assez rebelle dans ce pays, de se faire une tête convenable. Il entre dans la boutique du barbier, réclame son ministère, et, en attendant qu'un autre *client* fût expédié, on lui servit un petit verre près d'une caisse de mort qui s'étalait sans façon sur la table.

— A votre tour, Monsieur. — L'artiste était vieux ; sa main n'était pas bien sûre. Le voyageur, ou mieux le patient, se laissa tirer le nez par le barbier presbyte, qui le tailladait à distance, et, le supplice terminé, nouveau Saint-Sébastien, le *client* remit une pièce de vingt sous au barbier consciencieux, qui, tarifant le travail à son dû, allait rendre dix-sept sous. Le voyageur lui arrêta le bras en lui disant avec douceur : « Gardez, gardez tout ; c'est dix sous quand je me fais raser, mais c'est vingt sous quand je me fais écorcher. » Le barbier, agité de sentiments contraires, empocha les vingt sous et répondit par le mot omnibus du Lauzet : *Toulunn !*

C'est encore à *Toulunn* que se trouvait une auberge renommée, tenue par un brave homme et ses gaillardes filles. C'était l'auberge du *Poison fré* (lisez *Poisson frais*). Pour rassurer d'avance les voyageurs, l'enseigne se traduisait elle-même par l'image d'une carpe vénérable. Vous ne vous imagineriez pas les dommages que les carpes causaient au père *Chouaman*, et les avantages qu'il en retirait.

Le papa Chouaman était fermier du lac. Se moquant de ses lignes de fond, narguant l'administration, les grosses carpes se promenaient la nuit autour du lac et mangeaient les jeunes pousses de mélèze. Le garde se fâchait et verbalisait contre le fermier, qui ne maintenait pas *son bétail* dans ses limites. C'était fâcheux ; mais le bon côté du délit, c'était la saveur donnée par les pousses de mélèze au beurre des carpes qui venaient dans la barque se faire traire matin et soir.

On riait beaucoup chez le père Chouman. Si on y mangeait les carpes, on y buvait autre chose que de l'eau du lac.

Le lac est très poétique. Émeraude enchâssée dans les rochers qu'ombragent des noyers magnifiques, reflétant dans ses eaux la montagne qui le domine, couvert en partie, pendant l'été, des feuilles et des fleurs de nénufar, effleuré par les oiseaux aquatiques, ce lac vous attire et vous retient. Le soir, dans l'ombre et le silence, on en suit les bords en rêvant. Gardez-vous, cependant, d'y prendre des bains. Le lac, si pur en apparence, fourmille de têtards et de salamandres. Son eau amollissante vous laisse sans force et sans énergie. Baignez-vous plutôt dans l'Ubaye, d'où l'on sort rouge comme un homard, mais ragaillardi et réconforté.

Si vous savez patiner, allez au lac du Lauzet ; vous y trouverez un champ de course charmant et vous y gagnerez un appétit de scieur de long.

Le père Chouaman pêchait à la ligne, de concert avec ses filles. Ce moyen n'étant pas possible en hiver, il prenait de petites carpes d'une façon originale.

On pratiquait dans la glace un trou assez grand ; on plongeait au fond une barre de bois portant des clous à son extrémité, et on tournait. Des herbes et des racines se fixaient aux clous, et, dans ces herbes, se trouvaient toujours quelques jeunes carpes inexpérimentées.

N'oublions pas de parler ici d'un autre personnage du Lauzet, qui a dû être patenté comme marchand de bois.

*Vauchet* Joseph, dit Simonot, vivait de la forêt communale, à la barbe de l'administration. Pris en délit le matin, Vauchet retournait le soir à ses mélèzes, résignés d'avance à mourir de sa main. Le bois coupé était quelquefois saisi, mais Vauchet en avait toujours assez pour se chauffer et pour approvisionner, moyennant finance, les fonctionnaires nouveaux qui ignoraient la provenance et l'état civil de ses résineux. Vauchet a fait vieillir et blanchir deux générations de forestiers. Il est vrai que, de loin en loin, la gendarmerie appréhendait au collet Vauchet Joseph, dit Simonot, mais on ne le prenait pas sans vert, même en

prison, dont il trouvait la cuisine bonne. Vauchet conti-
nuait là son industrie, en apprenant à ses co-détenus l'art
de couper en délit le bois de leurs communes respectives.
On ne gagnait donc rien à le mettre à l'ombre..., au con-
traire.

Quant à payer les amendes, l'idée n'en était jamais
venue à personne, Vauchet n'ayant que de la misère et
des enfants.

Le Lauzet est un pays très pauvre. Mon cœur s'est
souvent serré à la vue des privations que ses habitants
s'imposent sans murmurer. Dans la grande salle de
l'auberge, où je prenais mes repas en hiver, se trouvaient
ordinairement quelques bons vieillards que l'hôtelier
accueillait par charité. Ces pauvres vieux se chauffaient
les mollets autour du poêle que l'un d'eux alimentait avec
conscience. Au coup de midi, ils sortaient un moment et
rentraient bientôt, tenant encore dans leurs mains le
menu de leur repas, quelques pommes de terre, qui sont,
dans le pays, d'excellente qualité. Ces braves gens regar-
daient, sans irritation, mais d'un œil d'envie, les quelques
plats, bien modestes pourtant, que l'on me servait.

Je garde le meilleur souvenir de ces chers compatriotes,
si résignés, si sobres, si patients dans leur médiocrité.


## III.

Remontons en voiture. Dans quelques heures, nous serons
à Barcelonnette.

Non loin de Méolans, joli village qu'ombragent de grands
noyers, se trouve l'auberge *Gastinel*. On s'y arrête volon-
tiers. Que de fois les voyageurs de Digne et de Gap ont
oublié, le verre et les cartes en main, autour d'un feu hospitalier, l'avalanche ou les rochers qui, en obstruant la
route, rendaient le voyage impossible, la halte ou le repos
forcés. Ces temps d'arrêt constituent encore, pour l'auberge
Gastinel, un bénéfice de gain, d'animation et de gaîté.

— 13 —

Les orages présentent, dans ce pays, des particularités saisissantes. Activés par la déclivité du terrain, les torrents descendent avec la vitesse d'un cheval au galop et ressemblent à un mur de boue en marche. Un grondement sinistre, la fuite des cailloux chassés par la pression de l'air, la vue de ce monstre vomi par la montagne, jettent la terreur dans l'âme des assitants.

Nous arrivons au torrent de *Rioux-Bourdoux*, qui a couvert de ses déjections, sur une grande largeur, des terrains en culture autrefois, ne présentant plus à l'œil attristé que des pierres et des rochers. C'est une Arabie pétrée, d'un caractère aussi morne que monotone. D'intelligents forestiers s'évertuent à reboiser les pentes du torrent. Le mal est fait malheureusement, et les millions qu'on dépense ne rendront pas à la culture un sol enfoui sous le gravier, où de maigres moutons seuls peuvent trouver une maigre pitance.

Nous approchons de Barcelonnette. De fortes digues ont, depuis, encaissé l'Ubaye, et les alentours de la ville sont charmants. Nous longeons la rue principale, et me voilà sur la place et devant l'hôtel *Lyons*. On y faisait de bons dîners. Le beurre frais, les truites, le gibier, le laitage, les plats doux entretenaient dans la vigueur et la bonne santé les nombreux pensionnaires de l'établissement.

Pour faire contre-poids à cette nourriture trop substantielle, on y pratiquait une cure particulière. A peu de distance de Barcelonnette, au quartier de la *Croisette*, se trouvait une propriété appartenant au maître d'hôtel. De nombreux et excellents pruniers en constituaient l'agrément et le produit. Tous les matins, les pensionnaires se rendaient à jeun à la Croisette et faisaient main basse sur les prunes d'abord et quelquefois sur les œufs que les poules complaisantes avaient fraîchement pondus à cet effet. La cure durait quinze jours, et on revenait aux civets de toute nature, avec un appétit fraîchement aiguisé.

Le jeu de boules sous les peupliers, la promenade au bois

do *Lachau,* les parties de campagne à *la Conchette,* les
excursions dans la montagne, au milieu des mélèzes et des
fleurs, le patinage, en hiver, constituent, pour les habitants
de Barcelonnette, des distractions aussi saines que variées.

Les indigènes sont aimables, instruits et intelligents. Ils
aiment la bonne chère et le bon vin, sans être effrayés par
les petits verres. Quand ils sont sortis des bornes de la modé-
ration, ils en accusent le climat. Ils laissent quelquefois
leurs femmes à la maison et vont à l'hôtel manger... un
cheval (c'est très bon, j'en ai goûté), ou de la vache salée. Ce
dernier mets est lourd, indigeste; on en mange beaucoup,
mais, sous l'excitation d'un vin généreux, l'estomac se
montre d'une complaisance inépuisable. J'ai connu, à Barcelonnette, un très aimable avocat qui avait raison d'une
forte soupière de *tagliarini,* arrosés de jus de rôti et
cimentés de fromage de gruyère. Pur effet du climat ! Ce
goût déplorable pour les *tagliarini* s'alliait en lui aux
qualités les plus charmantes. *Monsieur l'avocat* (on l'appe-
lait ainsi d'ordinaire) adorait sa vieille mère, qui habitait
un hameau très élevé, en face de Barcelonnette. Quand
celle-ci désirait appeler et embrasser son fils, on faisait le
signal convenu. Un drap blanc était étalé sur la prairie, en
été, et, en hiver, on étendait un drap noir sur la neige. Le
fils, qui fixait très souvent ses regards vers la demeure de
sa mère, se rendait à son appel, et tous deux, dans des
épanchements et des embrassement mutuels, puisaient la
consolation dont ils avaient besoin.

Mon estomac, reconnaissant, salue la fontaine *Manuel.*
Nouveau docteur Sangrado, je recommande l'eau à tous,
malades ou bien portants. N'allez pas vous y tromper, gens
de Barcelonnette. Il s'agit de *l'aqua fontis* et non de
*l'aqua... vitæ.* L'eau m'a guéri d'une maladie qui, pendant vingt-cinq ans, m'a interdit l'usage des fruits, des
légumes, du lait, des épices, etc., etc. L'eau a éteint le feu
intérieur qui me brûlait. Souffrez-vous de la tête, des reins,
du foie, de l'estomac, de la vessie ? Dites *toujum* tant que

vous voudrez, si vous êtes du Lauzet, mais buvez de l'eau tant que vous pourrez. L'eau est un remède à beaucoup de maladies, a dit Hippocrate. Elle tient libres et sains les organes et les esprits vitaux.

On lit, au-dessous du médaillon de Manuel, placé sur la fontaine, ce vers de Béranger :

Bras, tête et cœur, tout était peuple en lui.

Je ne sais si Manuel aimait l'eau. Je pense qu'il rend autant de services par l'eau de sa fontaine que par le feu de ses discours.

Dans un temps qui n'est pas bien loin de nous, les gens de Barcelonnette passaient une partie de leurs journées à l'écurie. Que ce mot ne vous effraye pas. Il y a écurie et écurie. Les bêtes y sont toujours, c'est vrai ; mais on peut s'y créer, dans un coin, près d'une fenêtre, un réduit lambrissé, avec balustrade autour. L'odeur qu'on y respire n'a rien de l'eau de Cologne; mais les parfums *sui generis* de ce lieu sont favorables à la santé. On y recevait autrefois des visites et on y passait de bonnes soirées. Une vieille demoiselle, se plaignant de l'inconvenance de la femme d'un fonctionnaire, disait pour l'en punir « qu'elle ne l'inviterait pas à venir à son écurie ».

Si vous voulez bien vous transporter par la pensée à Saint-Véran (Hautes-Alpes), *lou pus haut pays ounte se mangeo de pan* (1,800 mètres d'altitude), vous me fournirez l'occasion de vous raconter une aventure qui ne manque pas de saveur réaliste.

Je visitais une écurie relativement confortable, avec plancher de sapin soutenant le lit du propriétaire. Il fait tellement froid dans ce pays que cette écurie abritait, outre de nombreuses vaches, un gros poêle grondant le jour et la nuit.

Derrière les vaches, se trouvait un fossé assez large, plein, hélas ! et qui dissimulait méchamment sa profondeur dans l'obscurité. Je fis un faux pas, et ma jambe gauche pénétra jusqu'au genou dans une matière sur laquelle j'aurais bien voulu glisser seulement. Sentant la gravité de la situation, je sortis de l'abîme, fis un mouvement en avant, et mon infortunée jambe droite subit le sort de la gauche. J'appelai à mon aide; mon aventure fut aussitôt répandue dans la maison, et je vis venir à moi, riant comme des folles, deux jeunes et belles servantes piémontaises qui, en se tordant, procédèrent au frottage accentué de mon pantalon, noir avant, mais d'une couleur suspecte après l'accident. L'énergie du bain et du remède fut telle que l'étoffe n'y résista pas. *Schoking !*

Les indigènes de la vallée de Barcelonnette prononcent certaines syllabes d'une manière singulière. Au lieu de *se,* ils disent *che,* et, au lieu de *che,* ils prononcent *se.* Je prends pour exemple le nom d'un honorable officier ministériel du nom de Sanche. Écoutez : « Ce pauvre M. *Chance,* il n'a pas de *sanche.* On a *sangé* de *plache* tous *ches dochters.*

Les gens lettrés n'ont pas ce défaut de prononciation, et les lettrés ne sont pas rares à Barcelonnette.

Les émigrants au Mexique sont nombreux. Aimant passionnément leurs montagnes, ils y reviennent aussitôt que possible et, en attendant, ils envoient de larges subsides à leur famille. On ne se douterait pas de l'importance des revenus de la vallée en créances, en fonds d'État, en Chemins de fer, en Crédit foncier, etc., etc.

En somme, beau pays, gens gracieux, hospitaliers, patriotes et riches en général. Quelques petits verres en trop peut-être, mais les têtes sont aussi solides que les estomacs.

## IV.

Mes fonctions m'appelant à Saint-Paul, je ne m'attarderai pas davantage à Barcelonnette, malgré les charmes qui m'y retiennent. La chaufferette est à point, mais la voiture commandée ne peut partir à cause de la neige tombée dans la nuit. La route n'est praticable qu'à cheval, et encore !... J'endosse mes guêtres, mes manteaux et je laisse à un repos mérité la chaufferette et le reste de mon attirail. J'enfourche un Bucéphale dont l'attitude incorrecte dénote un vif désir de ne pas quitter l'écurie. J'y suis, j'y reste, a-t-il l'air de me dire. C'est à grand renfort de coups de cravache que mes objurgations finissent par le toucher.

Un salut, en passant à *Faucon*, au berceau de saint Jean de Matha, au couvent et à l'enclos presque désert des Trinitaires.

Nous voici aux *Sanières*. C'est là que, plus d'une fois, après de violents orages, sur un lit de deux mètres de boue étalée sans façon sur la route nationale n° 100, j'ai traîné au moyen de cordes, de concert avec les voyageurs et le postillon, la voiture qui était censée nous porter. On passait sur quelques planches, dans la tranchée faite par les cantonniers, et le véhicule d'abord et les chevaux ensuite marchaient noblement sur nos traces. Cette manière de voyager en voiture ne manque pas d'une certaine originalité.

J'arrive à Jausiers, le pays des riches *Mexicains*, qui sont venus, après une vie accidentée, se retremper dans l'air natal, fortune faite. On trouve ces braves *caballeros* millionnaires souvent, malades quelquefois, faisant modestement une partie de cartes à l'auberge *Cuzin*. Méfions-nous des petits verres, Messieurs ; buvez de l'eau, et votre foie sera guéri.

Je dois rendre hommage à la complaisance des braves

douaniers, qu'on rencontrait quelquefois, empressés de rendre, en hiver, aux voyageurs et aux fonctionnaires, au milieu d'une nature rigoureuse, mille petits services qu'on leur payait avec un remerciement, une bonne poignée de main et quelques verres de vin chaud.

Halte et déjeuner à *la Condamine*. Arrivé par un froid excessif à l'auberge de la mère *Blanc,* j'y trouvai un poêle chauffé au rouge, dont j'approchai de trop près mes mains glacées. La réaction fut si forte que j'éprouvai une souffrance courte, mais aiguë et suffocante.

Près de *la Condamine,* on remarque le fort de *Tour-noux.* Il faut, du niveau de la rivière, monter 1,800 marches pratiquées dans le rocher, pour atteindre les casernes, dominées elles-mêmes par d'autres fortifications.

Il se passa, vers 1805, à la garnison de Tournoux, un fait touchant raconté dans les vers ci-après, qu'on voudra bien pardonner à l'auteur :

> Près du fort de *Tournoux,* un soldat fit emplette
> D'un agneau bondissant et blanc comme le lait.
> Tourlourous et tambours choyaient la pauvre bête ;
> La grosse cantinière, en riant, l'embrassait.
>
> Son sort était fixé. Lors d'une grande fête,
> De sa chair délicate un *rata* l'on ferait.
> Plus le jour avançait, sur l'innocente tête
> Plus l'amitié croissante en pitié s'amassait.
>
> Le sergent à chevrons dit : « Nonobstant, mes braves,
> A vos vœux subséquents je mettrai des entraves ;
> Incorporer *Blanchet* me tordrait l'estomac. »
>
> « Le sergent a raison, bravo ! », cria la troupe,
> Et l'on vota la *vie* et *le droit à la soupe,*
> Au milieu des vapeurs du vin et du tabac.

Je continue ma route vers *Saint-Paul,* à pied, à cause de l'avalanche qui rendait fidèlement visite, chaque hiver, à *l'Ubaye,* dont elle barrait la marche. Celle-ci rongeait peu à peu son frein, se glissait sous les pieds du monstre et reprenait son cours. On traçait des marches sur le dos de l'avalanche. L'homme, petite fourmi, foulait de son pied le géant et passait.

J'ai été plus d'une fois frappé par l'austérité de cette nature, en hiver. Seul, dans l'ombre épaisse de *la Rissole,* vous côtoyez *l'Ubaye.* A droite et à gauche, d'immenses rochers revêtus de glace. En face de ces magnificences sauvages, dans un silence écrasant, un recueillement profond vous saisit et une prière monte du cœur aux lèvres.

J'ai vu plus d'une fois, dans cette vallée, des ponts dont la situation était des plus délicates.

Figurez-vous un bonhomme de pont, remplissant ses devoirs fidèlement, un pont qu'on a mis là avec une consigne et qui, même avant la loi du divorce, voit son autorité et sa protection tellement méconnues qu'on le laisse là oisif, inutile, se morfondant au soleil, privé de toute considération, tandis qu'une rivière capricieuse, *Ubaye* ou autre, laisse là le pont avec lequel on la mariée en légitimes noces, change carrément et sans façon de lit et va, contre toutes les règles de la décence, se jeter à la tête d'un rocher noir, sauvage et vertueux, qui la rejette et la brise. Ces mésaventures ne guérissent pas les coquettes. Les rivières sont comme les femmes. Elles vont parfois où on leur défend d'aller. Rien n'est drôle, rien n'est bête, il faut le dire, comme un pont laissé là sans dignité, *coumo un pïas à l'estendèïre.* Et ce qui est navrant, c'est que le pont comprend le ridicule de sa situation et n'a plus le moyen d'y jeter un pleur. La seule fin digne d'un pont serait la noyade, et le destin cruel lui refuse même cette satisfaction.

Rassure-toi, pauvre pont ! Ton divorce finira. Ramenée par un caprice, ou à coups de pelle par les cantonniers, la rivière, soumise, sinon repentante, viendra de nouveau baiser et baigner de ses larmes tes pieds et tes pilotis.

Outre l'énorme avalanche qui, tous les hivers, coule et va barrer obstinément l'Ubaye, après des adieux retentissants à la rive droite, on peut voir quelquefois de petites avalanches coulant des hauteurs de la rive gauche, quand la neige a été échauffée par le soleil. Je venais de passer la rivière en compagnie de quelques personnes, quand nous entendîmes un grondement sourd et lointain. L'idée de l'avalanche nous saisit, et nous nous précipitâmes en avant. L'affolement cessa bientôt, et je vis, à une grande hauteur, une cascade de neige qui coulait majestueusement d'un immense rocher surplombant le sol. Un beau soleil éclairait la scène, et les échos répercutaient le bruit. C'était en petit un beau spectacle.

On montre près de la route un énorme rocher descendu là de la montagne. Il servit un jour d'abri à deux douaniers contre le choc d'une avalanche qui, coupée en deux par le rocher, se répandit, accent circonflexe énorme, dans *l'Ubaye* avec grand fracas.

Je me suis bien attardé dans le sévère vallon de la *Rissole*. Il est temps d'arriver à *Saint-Paul*.

C'est un joli petit village, coquettement posé sur la pente d'un coteau baigné des rayons du soleil et dormant au bruit des flots grondeurs et blancs d'écume de *l'Ubaye*. En face et sur la rive gauche, se trouve un ravissant bois de mélèzes, le bois du *Lauzon*, qu'une muse inexpérimentée a chanté en ces termes :

> Ton charme et ta fraîcheur enchantent ma pensée.
> Dans tes étroits sentiers erre le vent du soir.
> A tes pieds gazonnés, l'*Ubaye* court, pressée,
> Et se plaint aux échos de ne jamais pouvoir,
>
> Sur ta rive, oasis par l'ombre caressée,
> Borner son cours errant sans trêve et sans espoir.
> O doux et chers désirs de mon âme oppressée !
> Porter ici ses pas, sa vie et son devoir !

Sommeiller sous le dais d'une épaisse verdure !
Boire à sa source une eau délicieuse et pure !
S'enivrer des parfums suaves de la fleur !

Songe trop ravissant ! Le port après l'orage,
Le silence, la paix, les jours sereins du sage,
Dans la nature et Dieu, le simple et vrai bonheur !

Vous le voyez, le bois du *Lauzon* prête à la rêverie.
Après ses ébats poétiques, la muse trouve à s'y récon-
forter. On y déjeune admirablement. J'y ai fait plus d'une
fois, en joyeuse compagnie, avec l'aide d'une cuisinière
habile et buvant sec, frire des pommes de terre dans le
beurre frais de *Fouillouse*. Je ne vous dis que ça ! C'est
parfumé, savoureux, onctueux. Si on ajoute des truites,
un gigot à l'ail, cuit également sur place, des fraises que
l'on va cueillir pendant les opérations culinaires, vous
aurez un menu de haute valeur, introuvable ailleurs que
dans les montagnes.

Parlons un peu de quelques personnages.

*Ab Jove principium. Monsieur le Juge.* Raide dans
son faux col, jaloux à bon droit de ses prérogatives et
s'identifiant de tous points avec son *canton*. Très hospitalier du reste, ayant reçu à sa table préfets et premiers
présidents, qui le traitaient de *dom magnifico*. La toque
argentée de juge à Barcelonnette ne vint jamais. Eau
(laquelle ?) et mystère.

*Notaire.* Poète des plus féconds, il avait mis en vers
les livres saints (12,000 vers). On a découvert, dans les
valeurs de sa succession, des légions de rimes dormant
d'un profond sommeil. Homme d'esprit, intelligent, d'un
caractère ouvert et gai, il riait le premier d'une claudica-
tion qui lui faisait une originalité et une grâce de plus.

*Capitaine des douanes.* Brave et méritant serviteur,
ayant laissé un poumon dans les neiges et usant de son
reste, avec dévouement, à la poursuite des contrebandiers.

*Receveur des douanes.* Nature excellente et sympathique. Quand les recettes allaient bien, on faisait trois francs par an (1). Appointements : quatorze cents francs. Travail : néant. Pardon ! Il fallait, tous les mois, faire un état des *recettes* (vingt-cinq centimes) et des *dépenses*. Le planton, aussi réglementaire qu'inutile, n'était jamais là. Son chef se fâchait. Planton ! planton ! Son pli à la main, passant plusieurs fois devant la poste, le receveur cherchait et trouvait enfin son planton, et le planton, la tête bien lavée par son receveur, allait se mettre en tenue et, accomplissant son travail mensuel, transportait solennellement le pli à la boîte.

*Maître d'hôtel.* Saluez. C'est un notable, allant recevoir gravement, avec ses collègues du conseil, les préfets à l'entrée de Saint-Paul. Il fallait le voir, briller dans le monde, aux soirées du juge ou du receveur. Ne s'étant jamais rien foulé au travail, même la rate, *Roger Bontemps* de village, l'excellent papa *Lionné* la coulait douce. Il mangeait chauds de bons morceaux, buvait frais le vin du Var, plâtré ou non, et laissait l'eau à la rivière, au moulin et...... aux grenouilles.

*L'épicier.* Vous offrant de bon cœur, dans des récipients suspects, un verre de liqueur qu'on refusait avec enthousiasme, au milieu des odeurs variées du cuir, du fromage et de la morue. Brave homme, n'y voyant pas clair, excepté dans ses comptes.

On est très hospitalier dans la montagne. Que de fois, à mon corps défendant et malgré la faiblesse de mon estomac, j'ai assisté à des diners plantureux arrosés de

---

(1) Exact. Si un employé n'avait pas été là, la fraude se serait portée dans la vallée de Saint-Paul. Un ancien receveur des douanes de Ceillac (Hautes-Alpes) nous a déclaré qu'en trois ans de séjour dans cette localité ses recettes avaient atteint la somme de 3 fr. 75 c. (1 fr. 25 c. par an). Le cautionnement était là, du reste, pour couvrir au besoin le Trésor et assurer la rentrée de ces sommes importantes. Les recettes sont faites maintenant par un simple préposé.

vin des *Mées* exquis. M. le curé est invité souvent à ces dîners, et, vers la fin du dessert, on le prie d'entonner le *Laudate Dominum, omnes gentes,* qui est chanté à pleine voix, au grand effroi et au bruissement des vitres. Ce que l'on mange, ce que l'on boit ! Quels estomacs d'acier !

L'hiver, les receveurs de l'enregistrement donnent des bals. Luminaire, rafraîchissements, musicien, tout cela coûte vingt francs. Ce n'est pas cher, si surtout, comme des méchants l'ont dit, les rafraîchissements sont d'une nature particulière (10 sous le litre). On invite les gens notables, la douane, la gendarmerie, et n'oublions personne surtout. Ce serait une affaire d'Etat. Un soir de bal, derrière une porte, sur une table, se trouvait une bouteille pleine d'une liqueur dorée. Fine champagne, sans doute ! Un bon gendarme prit un petit verre et s'en versa une rasade. Amoureusement contemplé à la flamme d'une bougie, le petit verre prit feu incontinent. C'était du *pétrole*, mais du pétrole de première qualité.

Les receveurs de l'enregistrement qui arrivent du Nord ne comprennent pas un mot de provençal. L'un d'eux avait pour tout bagage ces mots, péniblement appris : *Fau payar* « Il faut payer ».

Un bon cultivateur, ne connaissant pas le français, chose rare à Saint-Paul, vint pour toucher le mandat de restitution d'un droit indûment perçu.

Aux premiers mots prononcés, le receveur :

— *Fau payar*.

— Du tout, dit le contribuable, c'est vous qui me devez.

— *Fau payar*.

— Mais non, vous dis-je.

— *Fau pagar*.

Impatienté, le contribuable, usant de conciliation :

— *Payarai tassa, mè me payares peréu.* (1).

— *Fau payar*.

---

(1) Je paierai une tasse de café, mais vous me payerez aussi.

Le *franciot* ne sortait pas de là.

On alla chercher un interprète. Le receveur fit la restitution et *paya lasse* lui-même.

Ne croyez pas qu'on engendre mélancolie dans ces montagnes. La pureté de l'air anime les cœurs et réjouit les caractères. L'hiver, quand il n'y a que trente centimètres de neige, on déclare les chemins *magnifiques*. Les filles, guêtrées jusqu'au genou, vont danser aux fêtes des villages voisins. On revient le soir, en chantant, sous l'excitation de quelques verres de vin bleu.

Quel beau pays, quelle sérénité dans le ciel, quelle nature magnifique, quelle eau excellente, que de braves et sympathiques habitants!

Il a neigé dans la nuit. Le froid est très vif. La tourmente fait rage. Je suis au lit. Restons dans ma coquille. Oublions le monde et cueillons le bien-être que Dieu dispense aux simples se contentant de peu.

Bornons ici mes pas, ma vie et mon devoir!

Halte, Monsieur X.... Endormez-vous dans les délices de Saint-Paul!.... do.... do..... do..... do...., fraises...., fleurs...., framboises du *Lauzon*, do..... do...., l'enfant do.

D.-C.-C. GORDE
*Président de la Société scientifique et littéraire*
*des Basses-Alpes*

P. P. C.